“神奇生物”系列

嗨！欢迎来到生物家族！

王海媚　李至薇　编著

海豚出版社
DOLPHIN BOOKS
中国国际出版集团
CIPG
新世界出版社
NEW WORLD PRESS

神奇生物探秘之旅

阅读不只是读书上的文字和图画，阅读可以是多维的、立体的、多感官联动的。这套“神奇生物”系列绘本不只是一套书，它提供了涉及视觉、听觉多感官的丰富材料，带领孩子尽情遨游生物世界；它提供了知识、游戏、测试、小任务，让孩子切实掌握生物知识；它能够激发孩子对世界的好奇心和求知欲，让亲子阅读的过程更加丰富而有趣。

一套书可以变成一个博物馆、一个游学营，快陪伴孩子开启一场充满乐趣和挑战的神奇生物探秘之旅吧！

生物小百科

书里提到一些生物专业名词，这里有既通俗易懂又不失科学性的解释；关于书中介绍的神奇生物，这里还有更多有趣的故事。

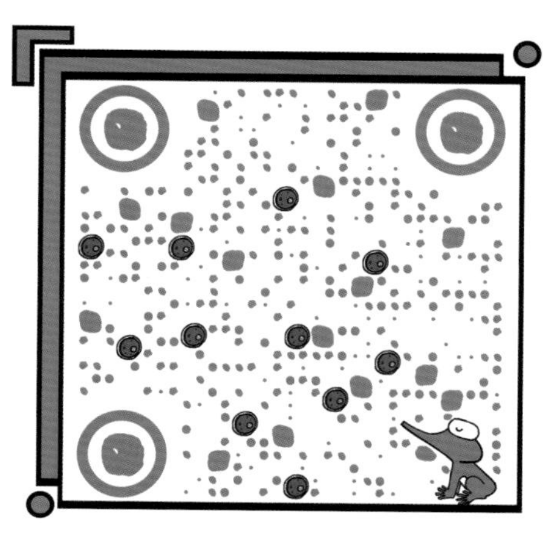

这就是探索生物秘密的钥匙，
请用手机扫一扫，立刻就能获得。

生物相册

书中讲了这么多神奇的生物，想看看它们真实的样子吗？想听听它们真实的声音吗？来这里吧！

趣味测试

读完本书，孩子和这些神奇生物成为朋友了吗？让小小生物学家来挑战看看吧！

走近生物

每本书都设置了小任务，可以带着孩子去户外寻找周围的动植物，也可以试试亲手种一盆花，让孩子亲近自然，在探索中收获知识。

生物画廊

认识了这么多神奇生物，孩子可以用自己的小手把它们画出来，尽情发挥自己的想象力吧！

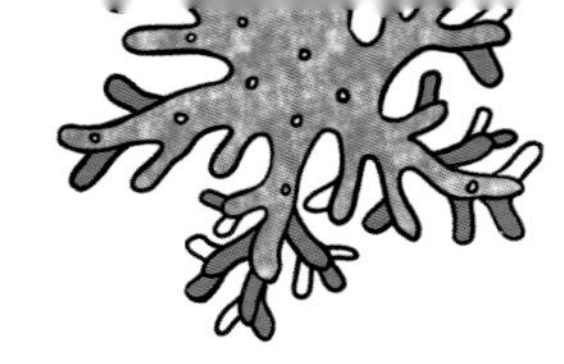

以前从来没人见过它们，
它们当中，
有的颜色有些奇怪，
有的味道有些奇怪，
有的长得有些奇怪，
有的本领有些奇怪……
真是一群奇奇怪怪的家伙！

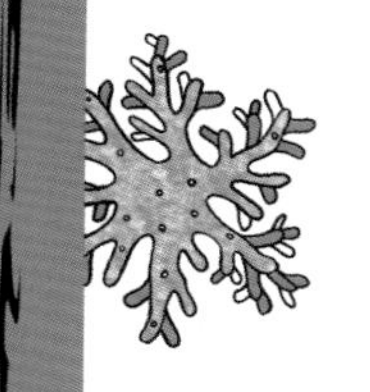

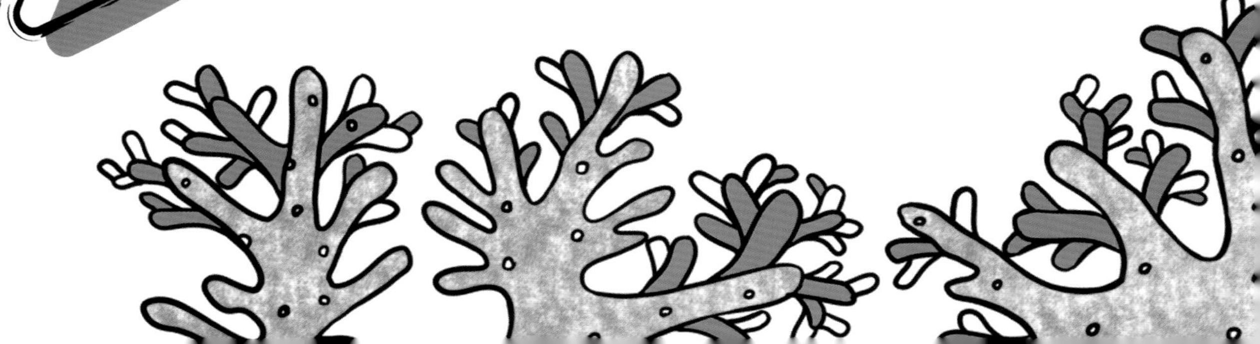

小朋友，你一定在动物园、植物园、海洋馆等地方认识了很多很多生物，但是，你知道吗？在我们生活的地球上，还有很多奇怪的、有趣的、新的生命，是我们在动物园、植物园和海洋馆里都见不到的，是近些年来才被人们发现的。

爸爸说，有一种蚂蚁身上带“鱼钩”，当然不是真的鱼钩。还有一种蜘蛛会翻跟头。

妈妈说，有一种青蛙长着长鼻子，还有一种鲨鱼会走路。

哇！真是大千世界，无奇不有！

让我们一起走进大自然吧！

我迫不及待地想要认识认识它们呢！

生物小百科
绘本中提到的生物学知识，一
扫便知，指导孩子不费事。

行走鲨

我们在海洋馆里见过会游泳的鲨鱼，可是你见过会走路的鲨鱼吗?

人们在印度尼西亚发现了一种鲨鱼，它可以用自己的四只鱼鳍在珊瑚礁上行走。

它长长的身体走动起来一扭一扭的，好玩极了。

通过行走的方式，它可以很方便地捕捉到小螃蟹、小鱼和小虾。

你可别以为它被叫作行走鲨就只会走，它其实是既会游泳又会走的哟!

2006 年发现于印度尼西亚

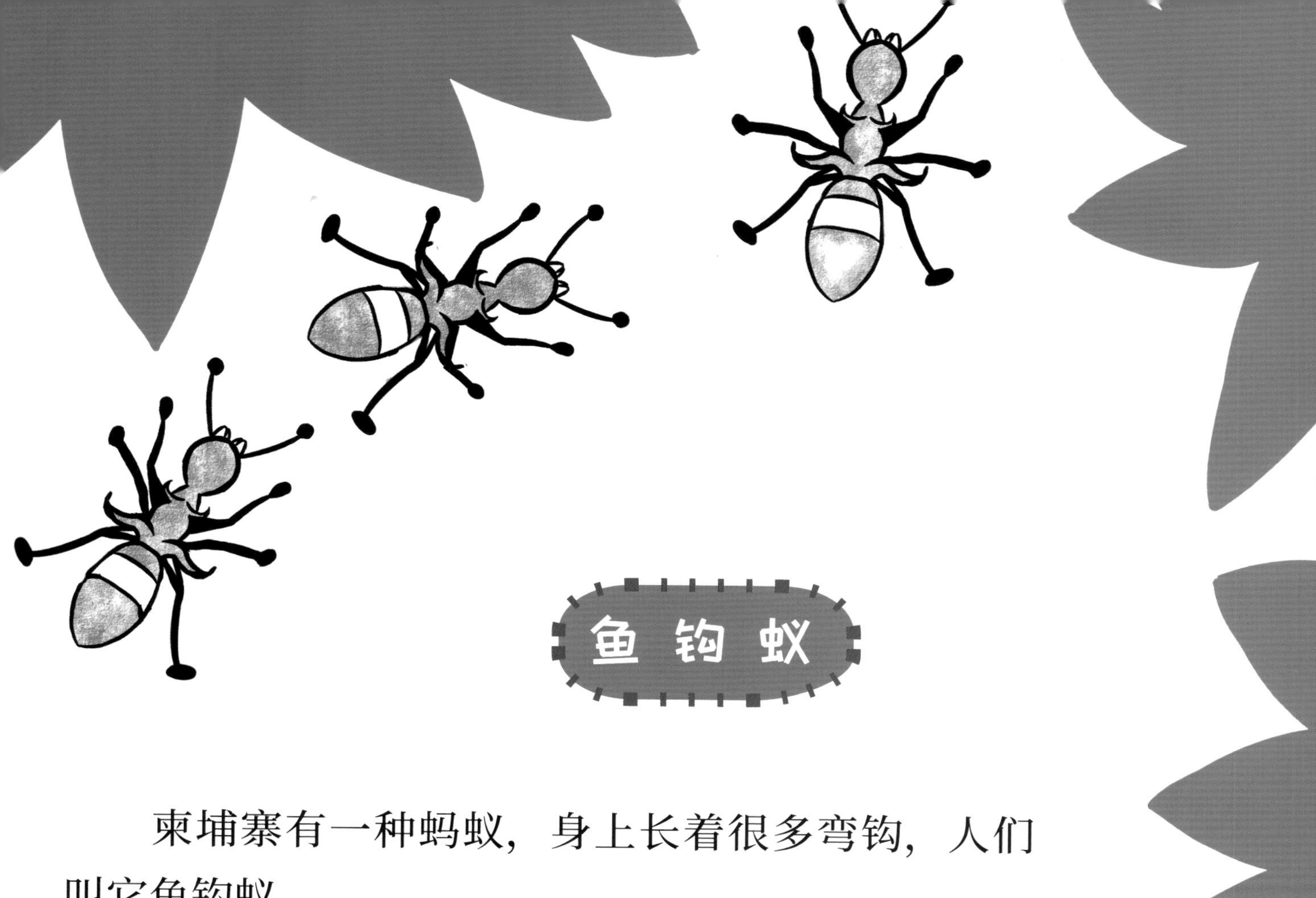

鱼钩蚁

柬埔寨有一种蚂蚁，身上长着很多弯钩，人们叫它鱼钩蚁。

鱼钩蚁喜欢生活在大家庭里，大家相互帮助，共同寻找食物。

当遇到危险的时候，鱼钩蚁们会利用身上的“鱼钩”相互钩住，这样“敌人”就很难把它们抓走了。

这真是“蚁”多力量大呀！

2007 年发现于柬埔寨

走近生物

带孩子亲近大自然，
去自然界中观察生物。

匹诺曹蛙

在印度尼西亚，有一种长着长鼻子的树蛙。

因为它的鼻子会变长，就像《木偶奇遇记》里面的匹诺曹，因此被叫作匹诺曹蛙。

匹诺曹蛙的长鼻子在鸣叫的时候会上扬，让我想起了长鼻子的大象。

不过当它安静或疲倦的时候长鼻子就会收缩下垂。

这个会动的鼻子很神奇吧？

2008 年发现于印度尼西亚

荧光蘑菇

小朋友，也许你对蘑菇并不陌生，但是下面要介绍的这种蘑菇我猜你一定没见过。

这种小蘑菇可以在夜间发光，能把夜晚的大地装点成繁星密布的天空，真是太美丽了。

它们的柄上有一种特殊的黏液，白天保持湿润，晚上会粘住被荧光吸引来的小昆虫。

怎么样，这种蘑菇是不是蘑菇家族里既美丽又聪明的一员？

2009 年发现于波多黎各

海绵宝宝派大菇

荧光小蘑菇已经够让我们大开眼界了，可是别急！

蘑菇家族的新鲜事儿还多着呢！

在马来西亚的森林里，生长着一种蘑菇，看起来就像一块大海绵，散发着水果的清香。

它就是海绵宝宝派大菇！

这个名字我好像听过，哦，原来是科学家借用了卡通人物海绵宝宝和派大星的名字。

更神奇的是，这种蘑菇被挤压后，真的会像海绵一样恢复原状。

好想找一个来闻一闻，捏一捏呀！

2011 年发现于马来西亚

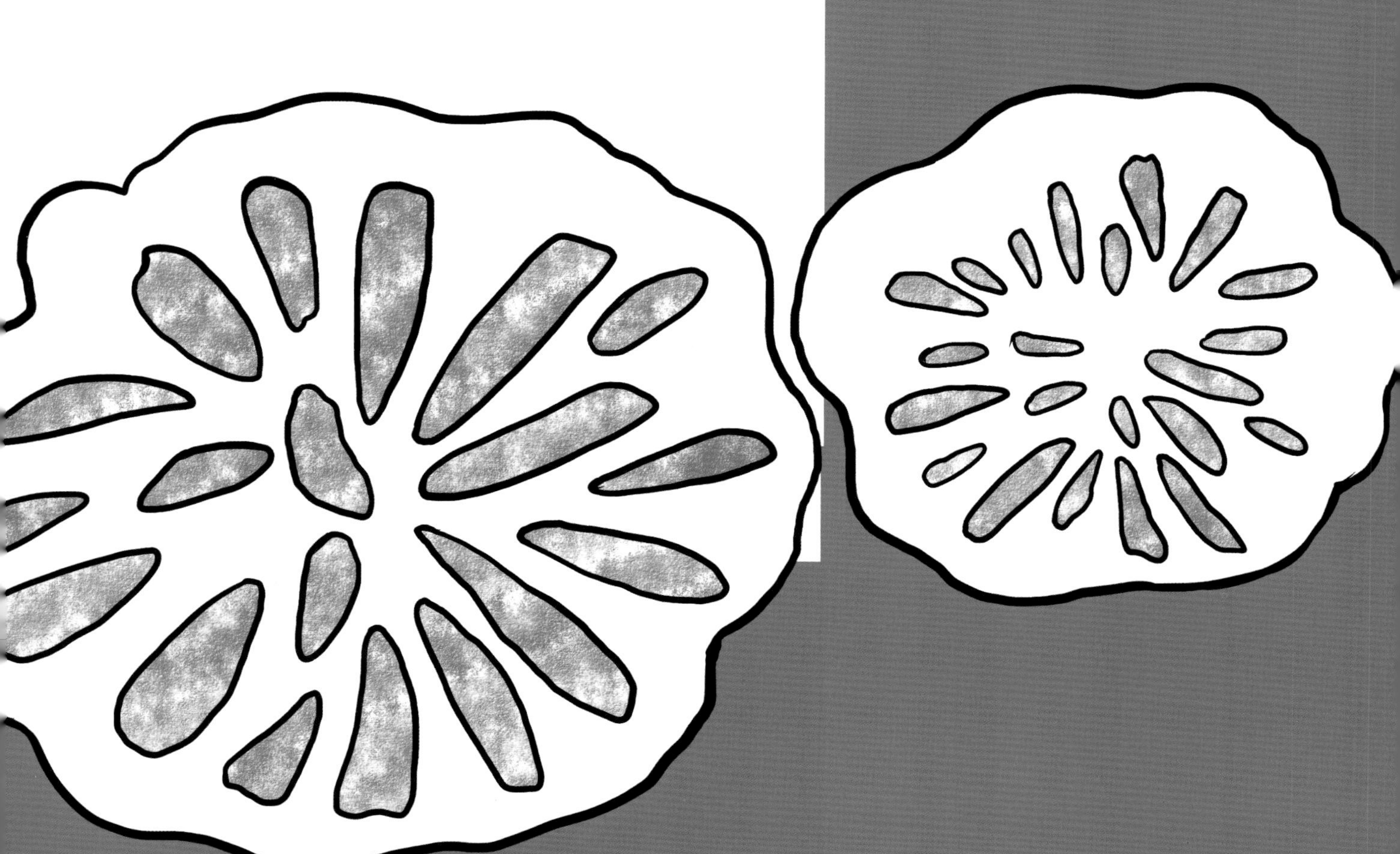

后翻蜘蛛

在摩洛哥的大沙漠里，生活着一种后翻蜘蛛。

当遇到危险的时候，它会使出逃生绝技——后空翻。

它能以连续后翻的动作前进，速度很快，是正常爬行的两倍。

后翻蜘蛛可以轻松跨越各种障碍，再高的沙丘也不在话下。

不过这种运动方式特别消耗能量，不到万不得已，后翻蜘蛛是不会使用的。

2014 年确认为新物种

观星虾

小朋友，你喜欢观赏夜空中的繁星吗？有一种红色的小虾就有这个“爱好”。

这种虾的眼睛很特别，有红白相间的圈圈，就像棒棒糖一样。

而且它两只大大的眼睛，好像一直在仰望星空。
所以科学家给它起了一个有趣的名字，叫观星虾。

2014 年发现于南非海域

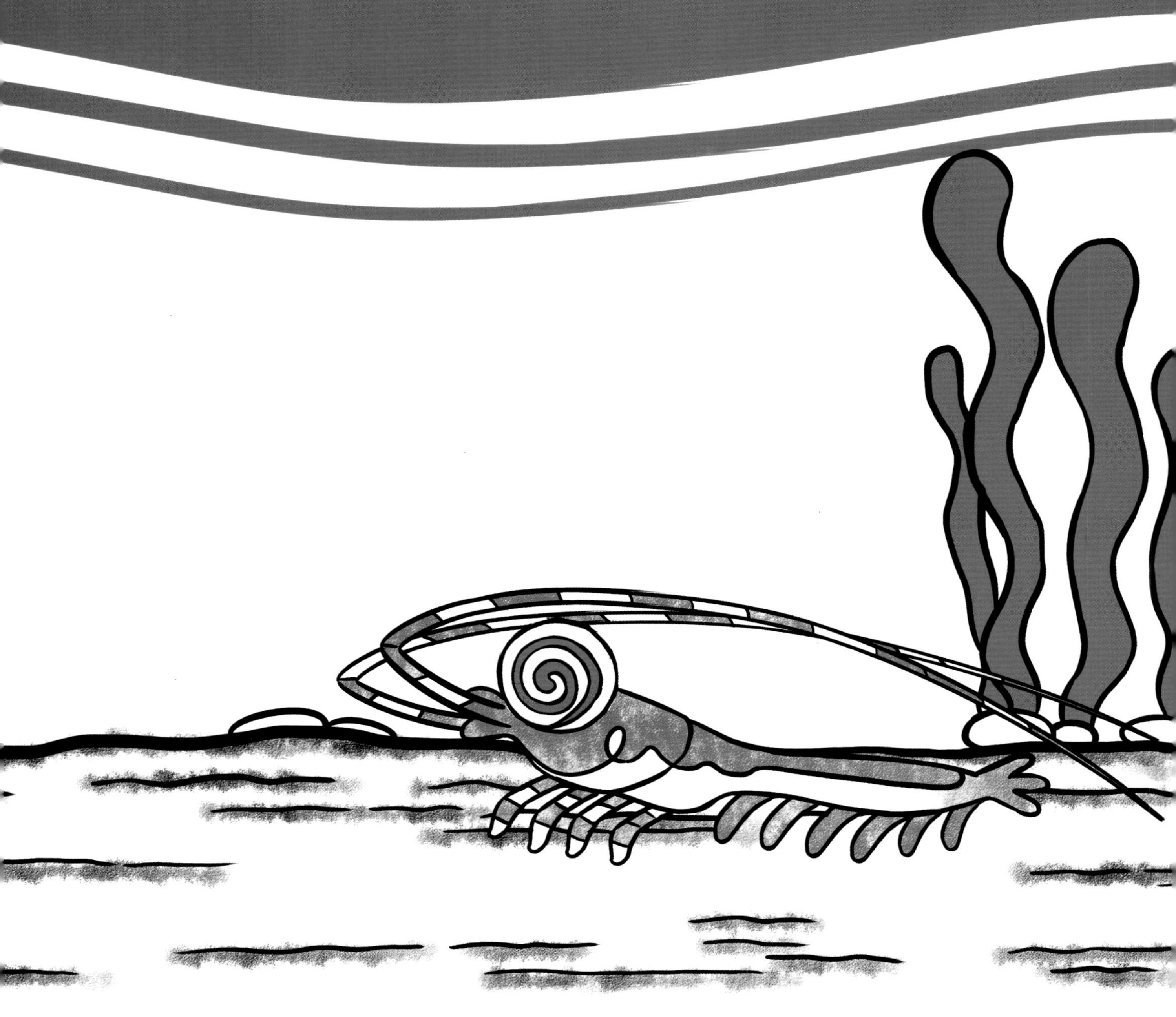

在我们中国，科学家也发现了很多新的生物，比如世界上最长的昆虫——中国巨竹节虫，它还被称为“行走的树枝”。

如果把它的腿也算上，这种巨竹节虫能够达到约60厘米长，打破了昆虫长度的吉尼斯世界纪录。

2015年发现于中国

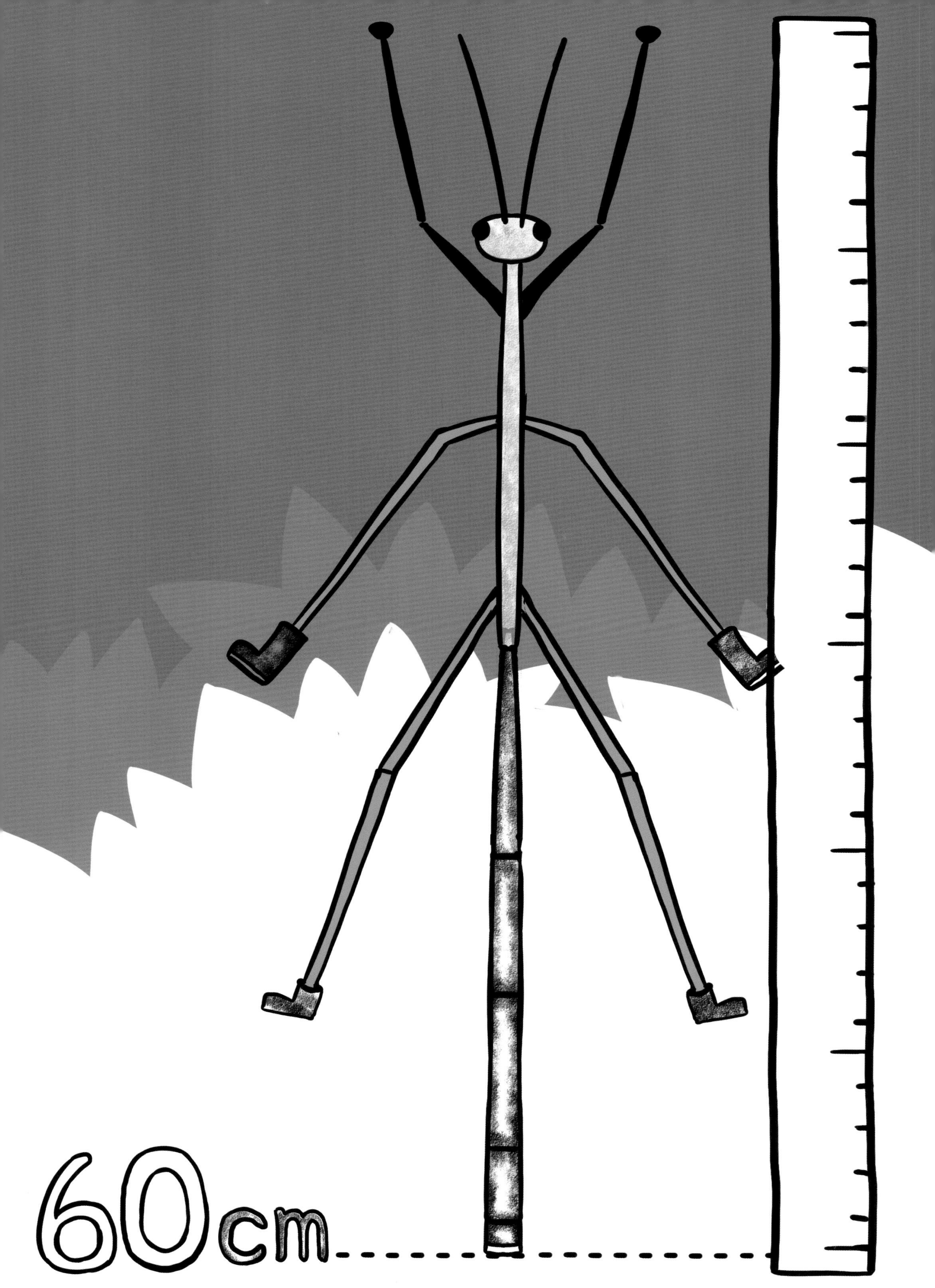
60cm

格兰芬多毛园蛛

在印度，有一种蜘蛛的身体是圆锥形的，顶部有一个“小钩”，看上去很像《哈利 · 波特》里魔法师的帽子。

因此，它有一个很魔幻的名字——格兰芬多，这是哈利 · 波特上学时所在的学院名称。

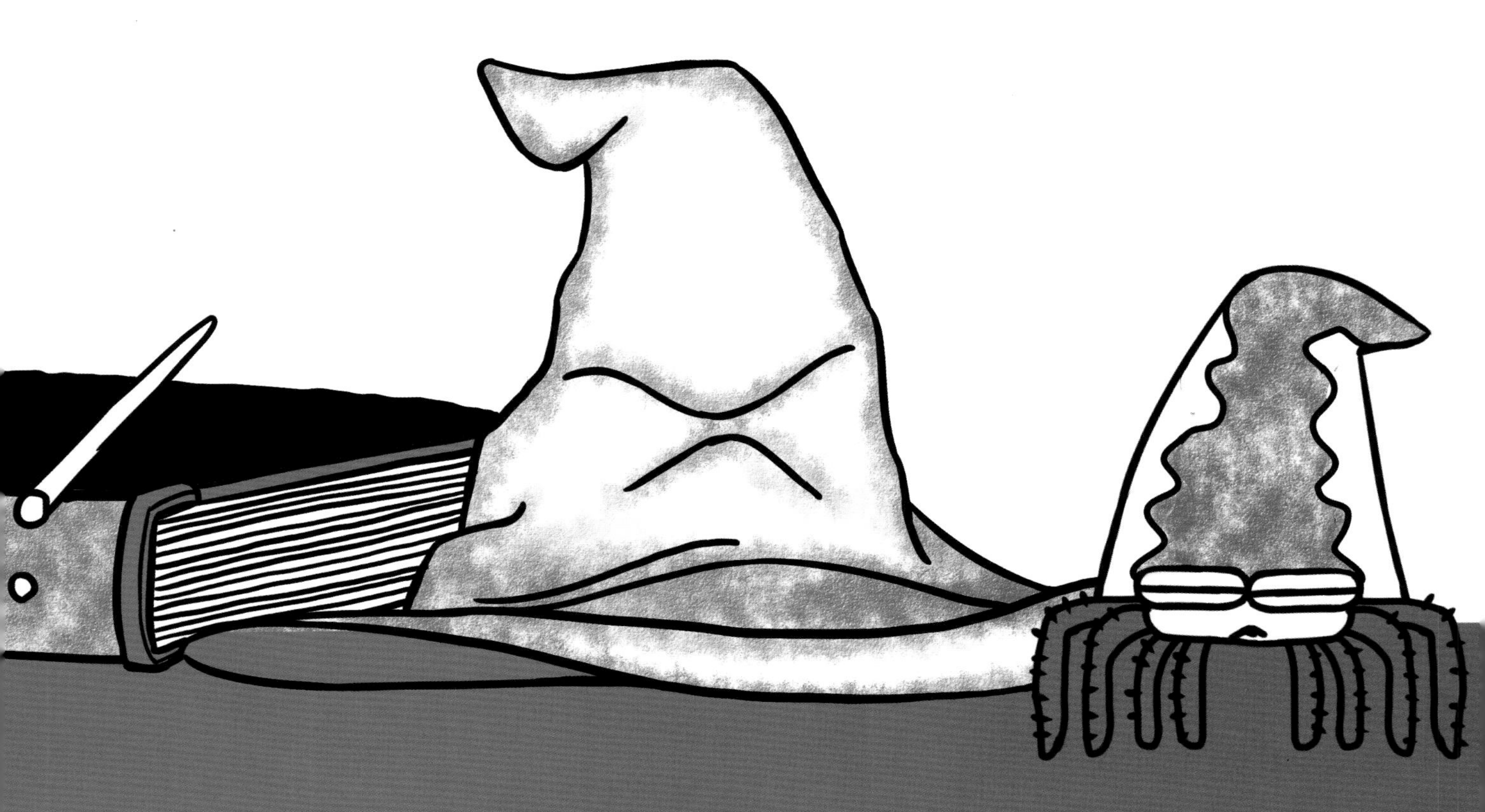

不过，别看格兰芬多毛园蛛的名字魔力十足，但其实它长得特别小巧，只有几毫米长。

白天，格兰芬多毛园蛛会伪装成干枯的叶子，来躲避敌人。

2015 年发现于印度

叶状螽斯

在马来西亚有一种昆虫——叶状螽斯，是自然界的伪装大师。

这种奇特的生物和纺织娘、蝈蝈是亲戚。

叶状螽斯比它们更漂亮，而且雌性是粉红的，雄性是绿色的。

雌性会伪装成红色树叶，雄性则伪装成绿色树叶，以躲过敌人的眼睛。

是不是很聪明？

2016 年确认为新物种

神奇的大自然中，除了这 10 种新物种，还有许许多多的新朋友等待着我们去发现。

它们既美丽又奇特，同时也很珍贵、很脆弱。

由于环境污染、森林破坏、气候变暖等原因，很多新物种刚被发现就有消失的危险，它们需要我们更多的保护。

嗨！欢迎来到动物家族！
匹诺曹蛙，你在唱歌吗？
我要画下你高歌的样子！
沿着虚线描一描，再给你“穿”上绿衣服！
看看，漂亮吧！

生物画廊
喜欢的生物，还可以动手把它们画出来哦!

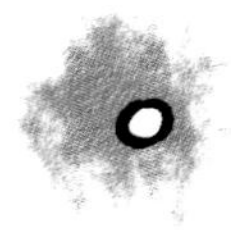

图书在版编目（C I P）数据

嗨！欢迎来到生物家族！/ 王海媚，李至薇编著
. -- 北京：海豚出版社：新世界出版社，2019.9
ISBN 978-7-5110-4018-3

Ⅰ. ①嗨… Ⅱ. ①王… ②李… Ⅲ. ①动物－儿童读物 Ⅳ. ① Q95-49

中国版本图书馆 CIP 数据核字 (2018) 第 286180 号

嗨！欢迎来到生物家族！
HAI HUANYING LAIDAO SHENGWU JIAZU
王海媚　李至薇　编著

出 版 人　王　磊
总 策 划　张　煜
责任编辑　梅秋慧　张　镛　郭雨欣
装帧设计　荆　娟
责任印制　于浩杰　王宝根
出　　版　海豚出版社　新世界出版社
地　　址　北京市西城区百万庄大街 24 号
邮　　编　100037
电　　话　(010)68995968（发行）　(010)68996147（总编室）
印　　刷　小森印刷（北京）有限公司
经　　销　新华书店及网络书店
开　　本　889mm×1194mm　1/16
印　　张　2
字　　数　25 千字
版　　次　2019 年 9 月第 1 版　2019 年 9 月第 1 次印刷
标准书号　ISBN 978-7-5110-4018-3
定　　价　25.80 元